Balveer Singh

Avaliação de cultivares de bagas para preparação de produto osmo-desidratado

Balveer Singh

Avaliação de cultivares de bagas para preparação de produto osmo-desidratado

ScienciaScripts

Imprint

Cover image: www.ingimage.com

This book is a translation from the original published under ISBN 978-3-659-80550-9.

Publisher:
Sciencia Scripts
is a trademark of
Dodo Books Indian Ocean Ltd. and OmniScriptum S.R.L publishing group

120 High Road, East Finchley, London, N2 9ED, United Kingdom
Str. Armeneasca 28/1, office 1, Chisinau MD-2012, Republic of Moldova, Europe
Printed at: see last page
ISBN: 978-620-8-07345-9

AKNOWLEDGE

Para alguns, o reconhecimento pode ser apenas uma coisa insignificante escrita num pedaço de papel. Mas, na sua verdadeira essência, dá-nos a oportunidade de recordar e expressar os nossos sentimentos por aqueles que amamos e veneramos. Aqui tenho a oportunidade de expressar o meu agradecimento às pessoas que me tocaram de uma forma ou de outra com as suas pequenas coisas. As palavras não são suficientes para exprimir os meus sentimentos por elas, mas estas linhas não são um exagero, são sentimentos que vêm diretamente do coração.

Considero uma oportunidade rara e um privilégio sublime exprimir o meu profundo sentimento de gratidão e reverência ao Dr. Sanjay Pathak, Professor Associado e Diretor do Departamento de Tecnologia Pós-Colheita e Presidente do meu Comité Consultivo, pela sua orientação meticulosa, inspiração indelével, encorajamento persistente, sugestões engenhosas, natureza melíflua e atitude infatigável. Guardarei para sempre o afeto paternal que me concedeu durante todo o meu mandato de estudante, o que me ajudou a enfrentar muitas situações difíceis.

Estou imensamente grato e em dívida para com os membros do meu comité consultivo, Dr. A.L. Yadav, Professor Assistente do Departamento de Horticultura, Dr. S.P. Singh, Professor Assistente do Departamento de Fisiologia das Culturas, Dr. R.C. Jaiswal, Professor e Diretor do Departamento de Ciência Vegetal e Dr. G.C. Yadav, Professor Assistente do Departamento de Ciência Vegetal, pela sua atenção incondicional, sugestões cautelosas, orientação árdua e cooperação interminável durante o curso da sua atividade. Dept. of Vegetable Science e Dr. G.C. Yadav, Assistant Professor Deptt. of Vegetable Science e pela sua atenção desinteressada, sugestões cautelosas, orientação árdua e cooperação interminável durante esta investigação e preparação do manuscrito.

Estou imensamente grato ao Dr. R.S. Kureel, Vice-Chanceler, ao Prof. Padmakar Tripathi, Conservador, e ao Dr. Bhagvan Singh, Diretor da Faculdade de Horticultura e Silvicultura, por terem disponibilizado as instalações necessárias para a realização do trabalho de investigação.

É com grande humildade que agradeço a todos os membros do corpo *docente do Departamento, ao Dr. H.K. Singh, Diretor do Departamento de Horticultura, ao Dr. A.K. Singh, ao Dr. O.P. Singh, ao Dr. A.K. Maurya, ao Dr. D. Ram, ao Dr. Bhagwan Deen, ao Dr. Bhanu Pratap, ao Dr. Vinod Singh, ao Dr. Sanjeev Kumar e ao pessoal ministerial pelas suas sugestões durante o presente inquérito.*

Expresso toda a minha gratidão e lealdade sincera aos meus respeitados pais, Shri Prabhu Dayal e Smt. Mahendri Devi, que estabeleceram os alicerces e estiveram sempre comigo durante os meus altos e baixos.

Expresso também os meus cumprimentos especiais aos meus tios Shri Keshav Ram, Shri Meshav Ram, Shri Krishnapal e Shri Ramchandra, e aos irmãos mais velhos Shri Raghuveer Singh, bhabhi ji Smt. Pushpa Devi, irmãos mais novos Monu Kumar, irmãs. Babli Devi, Babita Devi e Savita Devi, Jija ji Shri Dharmendra Kumar, Shri Mahipal e Shri Sonu Kumar sobrinho Aarti Rani, todos os membros da família e parentes pelas suas bênçãos e encorajamento constante durante o estudo. Agradeço-lhes mais uma vez porque nunca teria atingido este nível de educação sem os seus sacrifícios altruístas.

I shall be failing in my task if I do not express my heartily thanks to my seniors Mr. Awadhesh, Mr. Arvind, Mr. Avneesh Kumar Pandey, Mr. Dharmendra, Mr. Hemant, Mr. Lavakush, Mr. Neeraj, Mr. Karmbeer, Sr. Malay Marut, Sr. Rakesh, Sr. Harinarayn, Sr. Ramprasad, Sr. Ranvijay, Sr. Moninandar Singh Jakhad, e Sr. Anuj, os meus colegas de turma Amit Pandey, Ashutosh Singh, Brijesh Kumar Vishwakarma, B.K. Puskar, Deen Dayal Singh, Dhiru Tiwari, Mohit Kumar, Manoj Kumar, Pawan Kumar Anand, Purnima Gautam, Ramsagar Singh, Shashank Singh, Shriprakash, Sourabh Chaudhary e Yashpal Singh e os meus amigos Amit Kumar, Anuj Kumar, Arun Kumar, Amrish Kumar, Baudh Bharti, Gagan Chauhan, Praveen Kumar, Rajdeep Panwar, Somveer Singh, Vikas Kumar Singh, Ramkumar, Suneel e Muskaan sempre me deram uma força interior e me orientaram durante toda a minha carreira académica, de modo a orientar as minhas ambições de forma adequada.

Agradeço aos meus colegas Anuj Kumar, Ashish, Baburam, Govind, Jagveer, Lalji Yadav, Mithilesh, Praveen Mishra, Pragyansi Mishra, Rahul maurya, Ravindra Singh, Sachin Tyagi e a todos os colegas pelo seu apoio.

Gostaria de transmitir os meus sinceros agradecimentos ao Dr. Angad Singh, ao Sr. R.D. Pal e ao Sr. Harishchandra pela sua cooperação e apoio moral. Muitas mais pessoas me ajudaram, se não as enumerar todas, não é por falta de gratidão, mas por falta de espaço, a todas elas agradeço.

Gostaria de expressar os meus agradecimentos ao Sr. Adesh Kumar pela análise dos dados.

É como uma gota no oceano para mim, com todos os cumprimentos a Ganesha e Maa Saraswati ji por me darem energia e paciência, sem as quais não teria sido nada.

Local : Narendra Nagar *(Balveer Singh)*
Data: junho de 2012

CONTEÚDO

LISTA DE SÍMBOLOS E ABREVIATURAS UTILIZADOS

%	**:Per cent/Percentage**
@	**:At the rate of**
°C	**:Degree Celsius/Degree Centigrade**
C. D.	**:Critical Difference**
cm	**:Centimetre**
c v.	**:Cultivar**
e.g.	**:Exempli gratia (= for instance**
et al.	**: Other authors**
Fig.	**: Figure**
g	**:Gram**
i.e.	**: That is**
lit.	**: Litre**
min	**: Minute**
R.H.	**: Relative humidity**
S.Em (±)	**: Standard Error Mean**
var.	**: Variety**
viz.	**: Namely**

A bérberis *(Zizyphus mauritiana* LamkJ) é um dos frutos mais importantes, pertencente à família Rhamnaceae. A sua natureza é tetraploide 2n= 48. É também conhecida como tâmara chinesa, figo chinês ou ameixa e é geralmente considerada como o fruto do pobre. Este fruto é provavelmente originário da Índia. É cultivado noutros países, como o Irão, a Síria, a Austrália, os EUA, a França e certas partes de Itália, Espanha e África, etc. Precisamente, é cultivada na região tropical e subtropical, bem como na região mediterrânica do mundo.

Os principais Estados em crescimento na Índia são Punjab, Haryana, Uttar Pradesh, Rajasthan, Gujarat, Maharashtra e Andhra Pradesh. O consumo per capita de baga é o mais baixo da Índia. Em certas zonas, substitui a cultura da manga e dos citrinos, sendo mais rentável do que a cultura de cereais.

A cultura da baga está a aumentar devido à sua natureza resistente aos caprichos da natureza e ao seu potencial de rendimento comercial. A Índia produz anualmente cerca de 3797606 MT de frutos de baga numa área de 61279 ha (Bose *et al.,* 2002). Os frutos da bérberis são habitualmente utilizados em casa na Índia, tanto frescos como desidratados para utilização posterior.

Pode crescer a uma altitude de 100 metros acima do nível do mar. No entanto, requer menos cuidados, mesmo em condições negligenciadas, produz frutos suficientes. Tendo em conta a sua popularidade crescente, a área cultivada com este fruto está a aumentar gradualmente de dia para dia. Em Uttar Pradesh, os pomares de bagas encontram-se nos distritos de Varanasi, Aligarh, Faizabad, Agra e Raibareilly (Singh *et.al.,* 1973).

A baga é mais rica em proteínas, fósforo, cálcio, caroteno e vitamina C do que a maçã (Bakshi e Singh, 1974). Cem gramas de frutos comestíveis contêm: humidade (85,9 g), proteínas (0,8 g), gordura (0,1 g), hidratos de carbono (12,88 g), cálcio (0,03 g), fósforo (0,03 g), ferro (0,8 g), caroteno (70 UI) e vitamina C (50-100 mg). O valor calórico da baga é de 55 calorias / 100 g de fruta, em comparação com o da jaca, que é de 38 mg;

Litchi 42 mg, maçã 56 mg e goiaba 66 mg (Rai e Gupta, 1994). As diferentes partes da árvore têm um valor tevático muito bom, juntamente com os frutos, como as folhas, são aplicadas como cataplasmas e são úteis em problemas hepáticos, asma e febre e, juntamente com catechu, são administradas quando é necessário um adstringente, como em feridas. A decocção amarga e adstringente da casca é tomada para parar a diarreia e a disenteria e aliviar a gengivite. A pasta da casca é aplicada em feridas. A raiz é purgativa. Uma decocção da raiz é administrada como febrífugo, taenicida e emenagogo, e a raiz em pó é polvilhada sobre feridas. Diz-se que o sumo da casca da raiz alivia a gota e o reumatismo. Doses fortes da casca ou da raiz podem ser tóxicas. Uma infusão das flores serve como loção para os olhos. Os frutos são aplicados em cortes e úlceras; são empregues em doenças pulmonares e febres; e, misturados com sal e malagueta, são administrados em casos de indigestão e biliosidade. O fruto maduro seco é um laxante suave. As sementes são sedativas e são tomadas, por vezes com leitelho, para parar as náuseas, os vómitos e as dores abdominais na gravidez. Controlam a diarreia e são aplicadas em feridas com cataplasma. As folhas são facilmente consumidas por camelos, bovinos e caprinos e são consideradas nutritivas.

A baga é uma cultura de frutos tolerante ao calor e à seca, com produtividade em condições áridas e semi-áridas (Pareek, 1983). Os frutos da baga são principalmente utilizados na forma fresca e, em particular, na preparação de produtos como pó, doces, murabba, pickles, chutney, abóbora/sumo e manteiga de baga.

Atualmente, os produtos osmo-desidratados estão a ganhar mais popularidade entre outros produtos desidratados, porque são saborosos, fáceis de manusear e têm melhor qualidade de vida e de transporte. Todas as cultivares de bagas não são as mais adequadas para a preparação de doces de qualidade, pelo que a seleção de cultivares é muito importante para a preparação de doces de qualidade. Os recipientes de embalagem desempenham um papel vital na conservação e manutenção da qualidade durante mais tempo. Por conseguinte, as avaliações dos recipientes de embalagem são importantes para a indústria de doces.

Por conseguinte, tendo em conta o que precede, foram definidos os seguintes objectivos para a investigação

1. Estudar a composição físico-química dos frutos de bagas de diferentes cultivares

2. Selecionar diferentes cultivares de baga para a preparação de doces

3. Avaliar os recipientes de embalagem para rebuçados

4. Estudar a relação custo/benefício dos rebuçados

CAPÍTULO 2. REVISÃO DA LITERATURA

A literatura referida para a planificação e execução da presente investigação ou para a interpretação dos resultados é revista sob os títulos apropriados nas páginas seguintes.

2.1 Estuda a composição físico-química do fruto da baga:

Um doce de boa qualidade só pode ser feito a partir de matéria-prima de boa qualidade que depende de uma seleção varietal adequada. Por conseguinte, é importante estudar a composição físico-química da fruta.

2.1.1 Caraterísticas físicas:

O género *Zizyphus* está amplamente distribuído na Índia, com mais de 600 espécies. A espécie *mauritiana* é maioritariamente cultivada nas regiões áridas e semi-áridas da Índia.

Bal *et al.* (1978) observaram que a variedade de baga Umran atingiu o estágio de maturação 190 dias após a frutificação, quando alcançou 26,33 g de peso, 4,63 cm de comprimento e 3,35 cm de diâmetro. Pandey (1988) estudou as caraterísticas físicas dos frutos da bérberis cv. Banarsi karaka e verificou que o peso do fruto era de 28,10 g, o comprimento de 4,72 cm e a largura de 3,49 cm, aos 135 dias após a frutificação. Gupta *et al.* (2004) relataram que o peso do fruto foi encontrado no máximo em Umran 22,76-26,61 g e no mínimo 0,80-0,81 g, assim como o comprimento do fruto também foi encontrado no máximo em Umran e no mínimo em Jharber.

Yadav *et al.* (2005) registaram o peso do fruto (26,11 g) e o diâmetro vertical (4,60 cm) da cultivar de baga Mundia Murehra. O diâmetro horizontal do fruto da baga foi mais elevado em Kakrola Gola (3,09 cm) e em Mundia Murehra (3,25 cm). Os atributos físicos da cultivar Narendra Ber Sel.-1, 2, 3, 4, 5, Dharakhi-1 e Peondi foram registados. O comprimento máximo do fruto foi registado em Narendra Ber Sel.-4 (4,12 cm) e a largura em Narendra Ber Sel.-2 (3,43 cm), enquanto o peso máximo do fruto foi registado em Narendra Ber Sel.-1 (35,66 g). Relatório do centro A.I.C.R.P. em Faizabad (2006) na estação experimental principal, departamento de horticultura N.D.U.A&T Kumarganj, Faizabad.

Dalal *et al.* (2007) registaram que o peso do fruto era no máximo 27,30 g, tal como o comprimento e a largura do fruto variavam entre 3,30-5,50 cm e 2,20-3,60 cm, respetivamente, na baga Umran. Ram *et al.* (2008) estudaram o peso do fruto, o comprimento do fruto e a largura do fruto de diferentes cultivares de baga e encontraram variações nestes caracteres de 2,44-21,32 g, 1,55-5,11 cm e 1,51-2,95 cm, respetivamente. Meena *et al.* (2009) registaram um peso de fruto de 56,66 g na cultivar Umran de baga. Balagi *et al.* (2009) relataram que a redondeza da baga foi de 0,51-0,72 cm e a esfericidade de 0,76-0,78 cm, respetivamente.

Reddy *et al.* (1995) registaram o desempenho de 10 cultivares de Zizyphus mauritiana e descobriram que a cv. Rambhor tinha o rácio caroço/polpa mais elevado (32,58) em comparação com as outras cultivares. Dalal *et al.* (2007) registaram a relação polpa/pedra mais elevada em Umran em comparação com outras cultivares de baga. Ram *et al.* (2008) estudaram a relação polpa/caroço do fruto em diferentes cultivares de bérberis e registaram valores entre 5,03 e 36,82 g.

Bal *et al.* (1978) observaram que a cultivar ber Umran atingiu o estádio de maturação 190 dias após a frutificação e atingiu a forma oval e a cor amarela dourada. Gupta *et al.* (2004) observaram que a forma do fruto variava de oval a redonda, a forma do ápice do fruto variava de redonda a achatada e a forma da base do fruto variava de redonda a redonda com ligeira depressão. Yadav *et al.* (2005) relataram que a qualidade dos frutos foi avaliada em 10

Cultivares *de Zizyphus mauritiana* (Banarsi Karaka, Chuhhara, Kakrola Gola, Mundia Murehra, Pathan, Safed Rohtak, Seb, Sanaur No.3, Tikadi e Tikari). Algumas cultivares apresentavam a extremidade do estilete em forma de mamilo, enquanto outras apresentavam a extremidade do estilete achatada e redonda ou a extremidade do estilete deprimida e redonda. A extremidade do estilete mais comum é a redonda e ligeiramente estriada.

Composição química do ber:

O fruto maduro da baga é muito rico em substâncias nutritivas. No entanto, a sua composição varia consoante a cultivar. A diferença na composição do fruto também ocorre numa cultivar de um local para outro e mesmo no local devido à alteração dos parâmetros climáticos anuais e das práticas culturais.

Teaotia *et al.* (1974) observaram que 16,97 por cento de sólidos solúveis totais em frutos de baga da cultivar Banarasi karaka. Bartov *et al.* (1975) encontraram uma variação no açúcar total de 9,65 a 32,6 por cento em *Ziziphus jujuba.*

Keier e Singh (1976) encontraram 7,86% de açúcares totais e 4,38% de açúcares não redutores na cultivar Umran e também relataram que o conteúdo ascórbico máximo (104 mg/100 g) nas cultivares Kaithi e Sanura-5.

Gupta (1977) relatou sólidos solúveis totais de 16-20 por cento em frutos de baga. A cultivar de baga Umran foi examinada a intervalos de 15 dias, de 15 a 190 dias após a frutificação, com um aumento de sólidos solúveis totais de 8,75-17,50 por cento (Prem Singh e Bal 1978) e sólidos solúveis totais de 31,0-35,5 por cento (Roy e Singh 1978) nos frutos de baga. Sood *et al.* (1980) estuda as diferentes cultivares de baga com açúcares totais 9,88-18,52 por cento. Singh *et al.* (1981) encontraram sólidos solúveis totais nas cultivares de baga Kaithli, Rashmi, Umran, Ponda e ZG-3 17,26, 19,06, 19,86, 16,66 e 18,13 por cento, respetivamente. Chauhan e Daulta (1982) observaram que os sólidos solúveis totais no fruto da baga eram de 17-23 por cento. Pareek (1983) referiu que os sólidos solúveis totais encontrados em Gola, Kaithi, Banarsi Karaka e Umran eram de 17-20, 16-18, 13-17 e 18-20 por cento, respetivamente. Hereditariedade e avanço genético para sólidos solúveis totais 54,2 por cento observados por Bisla e Daulta (1986).

Pandey (1988) referiu ainda que a cultivar de bagas Banarsi Karaka contém 15,40 por cento de sólidos solúveis totais. Bal *et al.* (1988) estudaram a variação na concentração de constituintes bioquímicos em diferentes variedades de baga. Registaram uma variação significativa dos sólidos solúveis totais em diferentes variedades de baga.

Reddy *et al.* (1995) relataram que o teor de sólidos solúveis totais foi maior para Illaichi (22,8%) e menor para cv. Dandan (13,23%). Chowdary e Padashetty (2000) estudaram a composição bioquímica de diferentes cultivares de bagas (Umran, Gola, Seb, Kaithali, Chuhara e variedades selvagens) e referiram que o teor máximo de sólidos solúveis totais em Kathali (18%) era seguido de Umran (17%) e da variedade selvagem (12%).

Yadav (2003) referiu ainda 15,73% de sólidos solúveis totais. A A.I.C.R.P. Faizabad center (2004) referiu que a cultivar de bagas Gola contém 17,00% de sólidos solúveis totais. Gupta *et al.* (2004) referiram que a percentagem de sólidos solúveis totais em Jharber e Gola variava entre 13,00-19,80 e 12,20-18,80, respetivamente. Yadav *et al.* (2005) descobriram que os sólidos solúveis totais mais elevados (20,2%) na cultivar de bagas Safeda Rohtak, seguidos de Sanaur No.-3 (19,1%) e Tikadi (18%). A cultivar Seb apresentou o valor mais baixo de sólidos solúveis totais de 11,4%, seguida de Chuhara (12,5%) e o máximo de açúcares totais (10,03%) na cultivar Chuhara. A A.I.C.R.P. Faizabad center (2006) estudou os atributos químicos de diferentes cultivares de baga Narendra Ber Sel.-1, 2, 3, 4, 5, Darakhi-1 e observou o máximo de sólidos solúveis totais em Narendra Ber Sel.-1 (15,66%) e a acidez máxima em Darakhi-1 (0,29%).

Sharma e Bawa (2007) observaram que o teor máximo de sólidos solúveis totais foi encontrado em Illaichi, seguido de Chonchal e Kaithi. Dalal et al. (2007) registaram que os sólidos solúveis totais variavam entre 14,3-19,2 por cento em diferentes cultivares de baga e um máximo de 19,2 por cento na cultivar Chhuhara. Ram *et al.* (2008) registaram que os sólidos solúveis totais variavam entre 10,00 e 19,33% em diferentes cultivares de baga. Yadlod e Rodge (2010) referiram que o teor de sólidos solúveis totais da variedade Gola era superior ao das variedades Umran, Karaka e local e que o teor de açúcar total mais elevado foi encontrado na variedade Gola (15,32) em comparação com as variedades Kadaka, Umran e locat.

A acidez total do fruto da baga é expressa em termos de ácido cítrico anidro. Foi determinado como sendo 0,26 por cento (Teaotia *et al.,* 1974). Vários autores relataram variações na percentagem de acidez da baga, que variou de 0,22-0,80 (Gupta, 1977), e 90 dias após a frutificação, Bal e Prem Singh

(1978) relataram uma diminuição da acidez de 0,64-0,21 por cento.

Singh *et al.* (1981) relataram que a percentagem de acidez total das bagas cv. Kaithli, Rashmi, Umran, Ponda, e ZG-3 a percentagem de acidez total foi de 0.27, 0.33, 0.25, 0.33, e 0.39 respetivamente. Chauhan e Daulta (1982) encontraram 0,12-0,77 por cento de acidez total em frutos de baga. Pareek (1983) referiu que a acidez em percentagem nas cultivares de baga Gola, Kaithi, Banarsi Karaka e Umran era de 0,37-0,75, 0,16-0,51, 0,130,48 e 0,19-0,35, respetivamente. Pandey (1988) relatou que 0,15 por cento de acidez total em frutos de baga. Chovatia *et al.* (1992) avaliaram a acidez de 0,45 por cento na cultivar Gola de baga.

Chowdary e Padashetty (2000) referiram que a acidez era de 0,19 por cento em Umran e de 0,63 por cento na variedade selvagem. Yadav *et al.* (2005) estudaram a acidez na cultivar ber e encontraram uma acidez de 0,15% em Tikadi e de 0,29% em Pathan. A acidez foi registada ao máximo em Kathaphal, seguida de Muria Murhara e ZG-3 (Bawa e Sharma, 2007). Dalal *et al.* (2007) registaram um mínimo de 0,25 por cento de acidez em Chhuhara e um máximo de 0,78 por cento em Kathaphal de ber. Ram *et al.* (2008) registaram que a acidez era de 0,01-0,43% em diferentes cultivares de baga. Yadlod e Rodge (2010) registaram uma percentagem de acidez mais elevada (1,24) na cultivar Umran.

O ácido ascórbico (vitamina C) desempenha um papel importante na nutrição humana. Keier e Singh (1976) encontraram um teor máximo de ácido ascórbico (104 mg /100 g) nas cultivares de baga Kaithi e Sanura-5. Gupta (1977) também observou que a vitamina C (70,6-165,5 mg/100 g) em frutos de baga. Mann e Bal (1978) relataram que o ácido ascórbico aumentou 60 dias após a frutificação e depois mais rapidamente. Nos frutos maduros, 180 dias após a frutificação, o ácido ascórbico era de 116,35 mg/100 g de polpa de fruto. Bal e Prem Singh (1978) analisaram frutos de baga em intervalos de 15 dias, de 15 a 190 dias (fase madura) após a frutificação, mostrando um aumento gradual do ácido ascórbico (2,30-117,3 mg/100 g). Singh *et al.* (1981) descobriram que o conteúdo de vitamina C em frutos de baga cv. Kaithi, Rashmi, Umran, Ponda e ZG-3 112.66, 86.43, 107.00, 93.43 e 93.73, (mg/100 g peso fresco) respetivamente.

Chauhan e Daulta (1982) observaram que o ácido ascórbico nos frutos da baga variava entre 69,7 e 104,1 mg/100 g. Pandey (1988) referiu que a cultivar de frutos da baga Banarsi Karaka continha ácido ascórbico 94 mg/100 g 135 dias após a frutificação. Chovatia *et al.* (1992) avaliaram que a cultivar de frutos de baga Gola contém ácido ascórbico 160 mg/100 g. Chowdary e Padashetty (2000) referiram que a variedade selvagem de baga contém ácido ascórbico 50 mg/ 100 g, enquanto a cv. Kaithali contém 121 mg/100 g de ácido ascórbico. Yadav (2003) referiu que a cv. Gola contém 73,67 mg/100 g de ácido ascórbico. Singh *et al.* (2006) referiram que os frutos totalmente maduros da baga cv. Umran contêm 52,50 mg/100 g de ácido ascórbico. Bawa e Sharma (2007) observaram que o máximo de ácido ascórbico foi encontrado em Kaithali, seguido de Illaichi e Sandhura Namaul, e o mínimo em Chonchal, seguido de Narma e Gola.

Gupta *et al.* (2007) relataram que o ácido ascórbico mais elevado foi encontrado 159,86-170,07 mg/100 g em Illaichi e o mais baixo 87,58-93,54 mg/100g em Dandan Gola de baga. Ram *et al.* (2008) relataram que o ácido ascórbico era de 45,67-93,22 mg/100 g em diferentes cultivares de bérberis. Yadlod e Rodge (2010) registaram que o ácido ascórbico mais elevado foi encontrado na variedade local (53,12 mg/100 g) seguida de Karaka.

Keier e Singh (1976) relataram que a cv. Umran contém 4,38 por cento de açúcar não redutor. Roy e Singh *et al.* (1978) descobriram que o açúcar redutor contém 2,08-5,68 por cento e o açúcar não redutor contém 9,56-14,72 por cento. Bal e Prem Singh (1978) observaram que a cv. Umran contém 0.43-2.82 por cento de açúcar redutor. Sood *et al.* (1980) relataram que diferentes cultivares de bagas observaram açúcar redutor 5,16-15,50 por cento e açúcar não redutor 2,67-11,07 por cento. Pareek (1983) relatou que os açúcares redutores nas cultivares de bérberis Gola, Kaithi, Banarsi Karaka e Umran 3.305.80, 1.95-2.70, 3.30-3.70 e 2.60-2.90 por cento e açúcar não redutor em por cento 2.40-8.40, 2.20-8.00, 3.30-8.40 e 4.80-4.90 e açúcares totais em por cento 8.30-12.10, 4.90-10.00, 5.40 - 12.40 e 7.20-7.40 respetivamente. Chowdary e Padashetty (2000) relataram que a variedade selvagem da cultivar ber contém 2,0 por cento de açúcar redutor e a cultivar Kaithali contém 4,1 por cento. Yadav *et al.* (2005) observaram que a variedade ber de Chuhara contém 3,62% de açúcar redutor e 6,41% de açúcar não redutor. Yadlod e Rodge (2010) referiram que a variedade Gola da cultivar ber tem o teor de açúcar redutor mais elevado (11,67%) em comparação com as variedades Umran, Karaka e Local.

Avaliação de diferentes embalagens para rebuçados

Os sólidos solúveis totais são um dos parâmetros importantes para determinar a qualidade do rebuçado. O aumento dos sólidos solúveis totais do rebuçado de aonla foi observado por Pathak (1988). Um aumento nos sólidos solúveis totais também foi observado por (Bhagwan Deen, 1992) no doce de aonla e (Kumar *et al.*, 1992) no doce de ber.

Mishra *et al.* (2005) registaram uma tendência para o aumento dos sólidos solúveis totais no doce de bael durante a armazenagem em dois recipientes de embalagem, *nomeadamente,* saco de polietileno e frasco de vidro.

A acidez total aumentou durante o armazenamento do doce de aonla embalado em frasco de vidro, como observado por Pathak (1988) e Bhagwan Deen (1992). Mas Tripathi *et al.* (1988) observaram que a acidez diminuiu gradualmente com o período de armazenamento do doce de aonla embalado em frasco de vidro. Um aumento da acidez durante o armazenamento foi relatado em doces de casca de kinnow embalados em frasco de vidro por (Mehta e Bajaj *et al.*, 1984). No doce de papaia (Kumar, 1990) e no doce de baga (Kumar *et al.*, 1992).

Mishra (2005) registou um aumento da acidez do doce de aonla quando armazenado à temperatura ambiente.

Sethi e Anand (1982) avaliaram o comportamento de armazenamento de FMI de aonla em diferentes recipientes de acondicionamento e verificaram que o frasco de vidro retém melhor o teor de ácido ascórbico do que o de polietileno. Garg *et al.* (1993) referiram que a manga continha 21,98% de vitamina C. Do mesmo modo, foi registada uma redução do teor de ácido ascórbico durante o armazenamento de doces (embalados em frascos de vidro) na papaia (Kumar 1990) e na baga (Kumar *et al.*, 1992). Uma diminuição contínua do teor de ácido ascórbico durante o armazenamento foi encontrada em doces de aonla embalados em frasco de vidro (Pathak, 1988), Tripathi *et al.* 1988 e Bhagwan Deen 1992. Singh *et al.* (1993) também relataram os mesmos resultados em doces de aonla embalados em saco de polietileno durante o armazenamento. Durante o armazenamento, o teor de ácido ascórbico do doce diminuiu em ambos os tipos de recipientes de embalagem, ou seja, frasco de vidro e saco de polietileno. A retenção de vitamina C ou ácido ascórbico foi ligeiramente maior com o doce embalado em frasco de vidro.

Kumar e Singh (2001) estudaram produtos de fruta engarrafados em aonla à temperatura ambiente e referiram que o teor de ácido ascórbico diminuía com o aumento do tempo de armazenamento. O teor de sólidos solúveis totais aumentou gradualmente até ao final do período de armazenagem. O teor de ácido das bebidas, compotas e doces aumentou com o tempo de armazenamento. Observou-se uma diminuição gradual da pontuação organoléptica dos produtos de aonla com o aumento do tempo de armazenamento à temperatura ambiente. A qualidade aceitável das bebidas manteve-se até 4 meses, a dos doces até 9 meses e a dos pickles até 8 meses, à temperatura ambiente.

Damame *et al.* (2002) estudaram produtos *como* compota, pickle, sumo, xarope, conserva e doce preparados pela cv. Kanchan e relataram que todos os produtos desidratados e processados receberam uma pontuação sensorial aceitável até seis meses.

Rekha Lande (2003) estudou os doces de bagas no que respeita à normalização do processo, à avaliação das variedades (Gola, Mehrun, Sanaur, Kadaka e Umran), à aceitabilidade do consumidor, ao valor nutritivo e ao prazo de validade e referiu que as pontuações sensoriais dos doces preparados pelo método lento tinham maior aceitabilidade do que os preparados pelo método rápido. A pontuação para variedades e atributos de qualidade mostrou uma tendência decrescente com o tempo de armazenamento.

Ghosh *et al.* (2004) analisaram treze tipos locais de frutos de bael cultivados em Bengala Ocidental e referiram que os sólidos solúveis totais, o açúcar não redutor e o açúcar redutor dos frutos aumentavam gradualmente com o armazenamento.

Romao *et al.* (2006) estudaram uma técnica instrumental de baixo custo para avaliar a cristalização em rebuçados. A cristalização da sacarose é indesejável em balas duras devido a mudanças na cor, textura e estabilidade do produto. Balas duras produzidas industrialmente foram armazenadas até 50 dias a 35°C e a 45°C, considerado como um teste de vida útil acelerado. A cristalização aumentou com o tempo de armazenamento mais rapidamente na temperatura mais alta, o mesmo ocorrendo para os valores de brilho (L*) e matiz (H*).

Prasad *et al.* (2006) estudaram os rebuçados de goiaba *(Psidium guajava)* desenvolvidos através da otimização da quantidade de manteiga, da quantidade de açúcar e da temperatura de armazenamento e referiram que os rebuçados podiam ser armazenados em segurança durante 2 meses à temperatura ambiente (20-30°C) e à temperatura de refrigeração o prazo de validade era de 4 meses.

A cor, o aroma, o sabor e o valor nutritivo do produto podem ser medidos organolepticamente, que são os atributos de qualidade mais importantes. A qualidade organoléptica dos produtos à base de fruta é geralmente reduzida durante o armazenamento devido à alteração da cor, do aroma e do sabor dos produtos. Pathak (1988) referiu que a pontuação organoléptica do doce de aonla diminuía durante a armazenagem e que o produto era aceitável até nove meses.

Singh (1988) referiu que a qualidade organoléptica do alimento de humidade intermédia aonla diminuía durante o armazenamento e que a qualidade aceitável era mantida apenas até seis meses de armazenamento. Bhagwan Deen (1992) e Singh *et al.* (1993) referiram que a qualidade organoléptica do doce de aonla de frutos inteiros diminuía gradualmente durante a armazenagem e que o produto era aceitável até nove meses. Sandhu *et al.* (2001) trabalharam com pele de goiaba e observaram que o produto só era aceitável até três meses em condições ambientais, embora se registasse uma diminuição da pontuação organoléptica global de 8,33-7,13 durante três meses de armazenamento.

CAPÍTULO 3. MATERIAIS E MÉTODOS

O presente estudo, intitulado **"Evaluation of ber cultivars for preparation of osmodehydrated product"**, foi realizado no laboratório de tecnologia pós-colheita do Departamento de Horticultura da Universidade de Agricultura e Tecnologia Narendra Deva, Kumarganj, Faizabad (U.P.), durante o ano de 2010-11. As seis cultivares de bagas Illaichi, Ponda, Umran, Gola, Banarasi Karaka e Narendra Ber Selection No.-2 foram colhidas no mês de março de 2010 na Estação Experimental principal, Department of Horticulture, Narendra Deva University of Agriculture & Technology, Kumarganj, Faizabad (U.P.).

O inquérito incluiu quatro séries de experiências e os pormenores de cada experiência são apresentados a seguir:

Experiência nº 1:

Composição físico-química de cultivares de bagas:

Observação registada:

1.1 Peso do fruto:

Foram retirados aleatoriamente dez frutos de cada cultivar e o peso médio dos frutos foi registado.

1.2 Tamanho do fruto (comprimento e largura em cm.):

Foram retirados dez frutos ao acaso e o seu comprimento e largura foram registados com a ajuda de um compasso de Vernier. O comprimento e a largura médios foram calculados e expressos em cm.

1.3 Sementes por cento:

Foi calculado através da separação manual das sementes da polpa e o peso médio das sementes é calculado em percentagem.

1.4 Percentagem de pasta:

A polpa foi calculada deduzindo o peso do caroço do peso total do fruto, obtendo-se a percentagem de polpa em relação ao peso total do fruto.

$$\text{Pulp (\%)} = \frac{\text{Weight of pulp}}{\text{weight of fruit}} \times 100$$

1.5 Forma do fruto:

A forma foi registada com base na observação visual e em conformidade com os parâmetros de forma descritos no descritor da baga.

2. Química: caraterísticas

As caraterísticas químicas do fruto da baga foram registadas com base nos seguintes parâmetros.

i. Sólidos solúveis totais (SST)

ii. Acidez (%)

iii. Ácido ascórbico (mg/100g)

iv. Açúcares redutores (%)

v. Açúcar não redutor (%)

vi. Açúcares totais (%)

vii. Fenóis totais (mg/100g)

viii. Browning (OD)

ix. Peso fisiológico (g)

A análise das caraterísticas químicas e físicas dos frutos de baga foi efectuada na fase de comercialização, enquanto a análise do doce de baga foi efectuada durante oito meses, mensalmente, a nível interno.

Experiência n.º 2

Seleção de diferentes cultivares de bagas para a preparação de doces:

Seis quilogramas de frutos maduros de cada cultivar foram utilizados no estudo, para a confeção de doces. Os frutos foram lavados da água doce. Os frutos lavados foram picados nos quatro lados com uma faca de picar manual. Os frutos picados foram mergulhados em solução de cal a 2% em seis utensílios separados durante 24 horas. Em seguida, os frutos foram cuidadosamente lavados com água e escaldados em água a ferver durante cinco minutos. Os frutos escaldados foram mergulhados em xarope T.S.S. a 50 (por cento) e a 60 (por cento) durante 24 horas e depois os frutos foram mergulhados em xarope T.S.S. a 70 (por cento) durante 7 dias. Em seguida, os frutos foram escorridos e a camada superior do xarope foi lavada e mergulhada em água quente 2 a 3 vezes durante alguns segundos, depois de colocada num pano de musselina. Estes rebuçados foram secos em estufa de ar quente a 50°C durante 12 horas Fig. 1. A seleção de cultivares de bagas para doces foi avaliada por avaliação organoléptica.

Mature fruits

↓

Washing

↓

Removal of stem

↓

Pricking

↓

Soaking in 2% calcium carbonate solution for (24 hours)

↓

Washing

↓

Blanching

↓

Steeping in syrup solution concentrating with boiling each 50 and 60% TSS (24 hours)

↓

Steeping in 70% TSS (5 days)

↓

Draining

↓

Hot water rinsing

↓

Drying

↓

Packing

↓

Labeling

↓

Storage

Fig.-1 Fluxograma para a preparação de rebuçados de bagas

Experiência No.-3

Avaliação de recipientes de embalagem para rebuçados:

Os rebuçados de melhor qualidade da experiência número dois foram embalados 500 g em cada um dos três tipos de recipientes seguintes, com três repetições, para estudar o recipiente de embalagem adequado para os rebuçados.

i. LDP Pacote de polietileno

ii. Frasco de vidro

iii. Frasco de plástico

A embalagem de polietileno LDP foi selada com uma máquina de selagem e os frascos foram selados com uma tampa de plástico.

Foram observados mensalmente o SST, a acidez, o ácido ascórbico, os açúcares redutores, os açúcares não redutores, os açúcares totais, os fenóis totais, o acastanhamento e a qualidade organoléptica.

Metodologia adoptada na observação:

i. SST (% de sólidos solúveis totais)

Cinco gramas de amostra de rebuçado foram esmagadas com a adição de igual quantidade de água destilada. Uma gota do extrato foi colocada na lança do refratómetro manual para a determinação dos sólidos solúveis totais. A leitura foi calibrada a 20°C e o valor principal foi expresso em percentagem de sólidos solúveis totais (Rangana, 1978).

ii. Acidez (%)

Pegou-se em cinco gramas de fruta cristalizada e esmagou-a com água destilada, perfazendo um volume de 50 ml; tomou-se uma amostra de 5 ml, que foi titulada com uma solução padrão de NaOH N/10, utilizando fenolftaleína como indicador interno. A acidez titulada foi expressa em gramas de ácido cítrico por 100 gramas de amostra (Rangana, 1978).

$$\text{Acidity (\%)} = \frac{\text{Titrevalue} \times \text{Normalityof NaoH} \times 64 \times \text{Volume made up}}{\text{Aliquot taken} \times \text{Weight of sample taken} \times 1000} \times 100$$

iii. Ácido ascórbico (mg/100gm)

Triturou-se uma amostra de cinco gramas com ácido metafosfórico a 3 por cento (HPO_3) e fez-se o volume de 50 ml com HPO_3 a 3 por cento. Titulou-se uma alíquota de 5 ml com uma solução de corante 2, 6, diclorofenol-indofenol, tal como descrito por A. O. A. C. (1970). O ponto final foi observado pelo aparecimento de cor-de-rosa, que persistiu pelo menos durante 15 segundos (Rangana, 1978).

$$\text{Ascorbic acid (mg/100gm)} = \frac{\text{Titrevalue} \times \text{Dye factor} \times \text{Volume made up}}{\text{Aliquot taken} \times \text{Weight of sample taken}} \times 100$$

iv. Açúcares redutores (%)

A solução de amostra foi feita por esmagamento e extração de 5 g de rebuçado de baga com água destilada e uma alíquota de 2 ml foi retirada para um erlenmeyer e adicionada à solução de Fehling "A" e "B", 5-5 ml cada, misturada e titulada contra 1 por cento de glucose no aquecedor. O ponto de viragem foi a cor vermelho-tijolo. Uma amostra em branco foi também titulada com 1 % de glucose. Os resultados foram expressos em percentagem de açúcar redutor.

$$\text{Reducing sugars (\%)} = \frac{\text{Blank titre value - Sampletitre value} \times \text{Volume made up}}{\text{Aliquot taken} \times \text{Weight of sample taken}} \times 100$$

v. Açúcar não redutor (%)

O açúcar não redutor foi calculado deduzindo a quantidade de açúcares redutores do açúcar invertido total e multiplicado pelo fator 0,95. Os resultados foram expressos em percentagem de açúcar não redutor.

Açúcar não redutor = Açúcar invertido total (%) - Açúcares redutores (%) x 0,95

vi. Açúcares totais (%)

A soma dos açúcares redutores e dos açúcares não redutores, expressa em percentagem, é o açúcar total.

Açúcares totais (%) = Açúcares redutores (%) + Açúcares não redutores (%)

vii. Fenóis totais

O teor de fenóis totais foi observado tomando 1 g de amostra e esmagando-a com 20 ml de álcool a 80%, centrifugando-a durante 15 minutos a 1000 rpm e adicionando 1 ml de reagente de fenol no supranente, seguido da adição de 2 ml de bicarbonato de sódio a 20% e mantendo o volume de 50 ml, tendo a leitura sido efectuada após uma hora com um espetrofotómetro UV a 750 nm contra um branco.

vii. Escurecimento (não enzimático)

O escurecimento não enzimático dos produtos foi avaliado pelos métodos descritos por Rangnana (1986). Foi observada através da absorvância da solução no espetrofotómetro UV. As amostras para o escurecimento foram centrifugadas durante 15 minutos a 4000 rpm e a 20 ml da amostra centrifugada foram adicionados 30 ml de álcool a 60% e mantidos durante meia hora. Em seguida, filtrou-se através de papel de filtro Whatman n.º 1 para obter uma solução límpida. A cor foi medida a 440 nm utilizando álcool aquoso a 60% como branco. O aumento da absorvância de uma amostra a 440 nm foi considerado e medido como escurecimento não enzimático.

ix. Avaliação organoléptica

A avaliação organoléptica para avaliar o sabor, a cor, o aroma e a textura das amostras foi realizada por um painel de 10 juízes que pontuaram numa escala hedónica de 9 pontos (Amerine *et al.*, 1965), como se indica a seguir:

Pontuação organoléptica	Classificação
9	Como extremamente (LE)
8	Gosto muito (LVM)
7	Gosto moderado (LM)
6	Como um pouco (LS)
5	Nem gosto nem desgosto (NLND)
4	Não gosto ligeiramente (DS)
3	Não gosto moderadamente (DM)
2	Não gosto muito (DVM)
1	Não gosto extremamente (DE)

A classificação final foi obtida através da média das notas.

3.4. Rácio custo/benefício de doces de qualidade preparados em diferentes recipientes

O rácio custo/benefício dos doces de bagas foi calculado através da análise, incluindo tanto as despesas de funcionamento como as despesas gerais incorridas durante a preparação dos doces.

O rácio custo/benefício foi calculado de acordo com a seguinte fórmula (Singh. 1978).

$$\text{Cost : benefit ratio} = \frac{\text{Gross income}}{\text{Totalcost}}$$

O rendimento bruto foi estimado pelo preço de mercado do produto similar. O custo total do produto foi determinado adicionando o custo da matéria-prima com 20% de alterações de cabeça.

Análise estatística:

A análise estatística dos dados foi efectuada segundo o método descrito por Panse e Sukhatme (1961), utilizando a experiência fatorial C.R.D.. A comparação das médias dos tratamentos foi efectuada com a ajuda da diferença crítica calculada da seguinte forma

$$\text{C.D. for factor A means} = \sqrt{\frac{2\text{VE}}{\text{rm}}} \times t.5\%e.d.f.$$

Onde,

VE = é o erro médio da soma dos quadrados

m = é o nível de B

r = é o número de repetições

e.d.f. = grau de liberdade do erro

$$\text{C.D. for factor B means} = \sqrt{\frac{2\text{VE}}{\text{rm}}} \times t.5\%e.d.f.$$

Onde,

m = é o nível de A

$$\text{C.D for interaction (A×B)} = \sqrt{\frac{2\text{VE}}{\text{r}}} \times t.5\%e.d.f.$$

CAPÍTULO 4. RESULTADOS EXPERIMENTAIS

O resultado da presente investigação, intitulada **"Avaliação de cultivares de bagas para a preparação de produto osmo-desidratado"**, é apresentado sob os seguintes títulos apropriados

i. Estudar a composição físico-química dos frutos de bagas de diferentes cultivares.

ii. Selecionar diferentes cultivares de baga para a preparação de doces.

iii. Avaliar os recipientes de acondicionamento dos rebuçados.

iv. Estudar a relação custo/benefício dos doces.

4.1 Composição físico-química de frutos de bagas de diferentes cultivares

4.1.1 Caraterísticas físicas

Os caracteres físicos dos frutos da baga são apresentados no Quadro 1 e no Quadro 2. O peso médio dos frutos das cultivares de baga Umran foi significativamente máximo (30,50 g) em relação a todas as cultivares, seguido de Ponda (27,90 g), enquanto que o peso mínimo dos frutos foi registado na cultivar Illaichi (4,80 g). O conteúdo de sementes (por cento) variou entre 4,40 e 8,33 e o mais alto foi registado em Gola, seguido por Narendra Ber Sel-2. Narendra Ber Sel-2 mostrou um conteúdo ligeiramente mais alto de polpa (por cento) seguido por Ponda e um mínimo de polpa de fruta foi registado na cultivar Gola (Tabela-4.1.1.1).

O comprimento máximo do fruto (cm) foi registado na cultivar Ponda, seguida de Umran e Narendra Ber Sel. -2 e o comprimento mínimo do fruto foi registado na cultivar Illaichi. A largura máxima do fruto (cm) foi registada na cultivar Umran, seguida da Ponda e a largura mínima do fruto foi registada na cultivar Illaichi. A forma do fruto da baga de Illaichi, Gola e Narendra Ber Sel. -2 eram ovais, Ponda, Umran e Banarsi Karaka eram ovais (Quadro 4.1.1.2).

4.1.1.1 Peso do fruto (g), semente (%) e polpa (%) de diferentes cultivares de bagas

S. Não.	Cultivares	Peso do fruto (g)	Sementes (%)	Pasta de papel (%)
1.	Illaichi	4.80	6.90	93.10
2.	Ponda	27.90	4.80	95.20
3.	Umran	30.50	5.90	94.10
4.	Gola	16.80	8.33	91.67
5.	Banarsi Karaka	16.20	7.10	92.90

6.	Seleção Narendra Ber-2	14.00	4.40	95.60

4.1.1.2 Comprimento do fruto (cm), largura do fruto (cm) e forma do fruto de diferentes cultivares de bagas

S. Não.	Cultivares	Comprimento do fruto (cm)	Largura do fruto (cm)	Forma do fruto
1.	Illaichi	2.20	1.94	Ovato
2.	Ponda	5.20	3.24	Oval
3.	Umran	5.00	3.50	Oval
4.	Gola	3.50	2.71	Ovato
5.	Banarsi Karaka	4.51	2.60	Oval
6.	Seleção de Narendra Ber -2	5.00	3.10	Ovato

Fig-1 Ber cv. Illaichi

Fig-2 Ber cv. Illaichi candy

Fig-3 Ber cv. Ponda

Fig-4 Ber cv. Ponda candy

Fig-5 Ber cv. UmranFig-6

Ber cv. Umran doce

Fig-7 Ber cv. GolaFig-8

Ber cv. Gola doce

Fig-9 Ber cv. Banarasi Karaka

Fig-10 Ber cv. Banarasi Karaka candy

Fig-11 Ber cv. Narendra Ber Sel-2

Fig-12 Ber cv. Narendra Ber Sel-2 candy

4.1.2Características químicas

A composição química do fruto da baga é apresentada nos quadros 4.1.2.1 e 4.1.2.2. O máximo e o mínimo de sólidos solúveis totais foram registados nos frutos de baga da cultivar Gola e Banarsi Karaka, respetivamente. A acidez máxima foi registada na cultivar Gola e a mínima na Narendra Ber Sel -2. O teor máximo de ácido ascórbico foi registado na cultivar Illaichi, seguido de Umran, e o mínimo foi registado na cultivar Narendra Ber Sel -2 (Quadro 4.1.1).

4.1.2.1 Sólidos solúveis totais (%), acidez (%) e ácido ascórbico (%) de diferentes cultivares de frutos de baga

S. Não.	Cultivares	T.S.S (%)	Acidez (%)	Ácido ascórbico (%)

1.	Illaichi	15.80	0.25	130.40
2.	Ponda	13.80	0.30	84.68
3.	Umran	14.05	0.20	120.00
4.	Gola	16.40	0.34	85.20
5.	Banarsi Karaka	12.50	0.20	98.70
6.	Seleção de Narendra Ber -2	16.00	0.18	75.00

Os açúcares redutores mais elevados foram observados em Narendra Ber Sel -2, seguido de Gola, enquanto os açúcares não redutores e totais foram observados em Gola, seguido de Narendra Ber Sel -2 e o mínimo foi registado em Banarsi Karaka (Quadro 4.1.2.2).

4.1.2.2 Açúcar redutor (%), açúcar não redutor (%) e açúcar total (%) de diferentes cultivares de bagas

S. Não.	Cultivares	Açúcar redutor (%)	Açúcar não redutor (%)	Açúcar total (%)
1.	Illaichi	3.50	8.00	11.50
2.	Ponda	3.70	6.60	10.30
3.	Umran	3.80	7.20	11.00
4.	Gola	4.40	8.40	12.80
5.	Banarsi Karaka	4.10	6.30	10.40
6.	Seleção de Narendra Ber -2	4.50	8.00	12.50

4.2 Qualidade organoléptica de diferentes cultivares de rebuçados de baga

Os dados sobre a qualidade organoléptica de diferentes cultivares de rebuçados de baga são apresentados no Quadro No.-4.3. Os resultados mostram que a Banarsi Karaka foi considerada a melhor em relação a todas as outras cultivares de rebuçados de baga. Por conseguinte, Banarsi Karaka, com uma pontuação de 9,00, foi selecionada para o estudo do armazenamento de rebuçados

S. Não.	Cultivares	Qualidade organoléptica Pontuação	Classificação
1.	Illaichi	6.80	Como ligeiramente
2.	Ponda	7.80	Como moderadamente
3.	Umran	8.80	Gosto muito
4.	Gola	7.50	Como moderadamente
5.	Banarsi Karaka	9.00	Como extremamente
6.	Narendra Ber Sel.-2	7.00	Como moderadamente

4.3 Avaliação de diferentes embalagens para rebuçados.

4.3.1 Caraterísticas químicas dos rebuçados.

Os dados apresentados na Tabela-1 indicaram as caraterísticas químicas do doce preparado e ajustaram o TSS em 70% de sólidos solúveis totais. Este doce continha 70% de SST, 0,12% de acidez, 16,0 mg/100g de vitamina C, 26,40 mg/100g de fenóis totais e escurecimento medido em 0,30 de densidade ótica. Os açúcares foram calculados em percentagem como 28,10, 40,00 e 68,10; açúcares redutores, açúcares não redutores e açúcares totais, respetivamente.

Quadro-1 Caraterísticas químicas dos rebuçados de bagas

S. Não.	Personagens	Valor
1	Sólidos solúveis totais (%)	70.00
2	Acidez (%)	0.12
3	Ácido ascórbico (mg/ 100 g)	16.00
4	Açúcares redutores (%)	28.10
5	Açúcar não redutor (%)	40.00
6	Açúcares totais (%)	68.10
7	Browning (O D)	0.30
8	Fenóis totais (mg/ 100g)	26.40
9	Peso fisiológico (g)	500.00

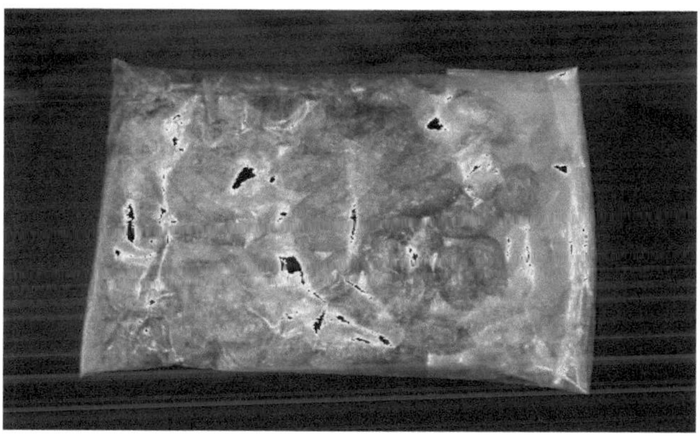

Rebuçados embalados em pacote LDP

Doces embalados em frasco de vidro

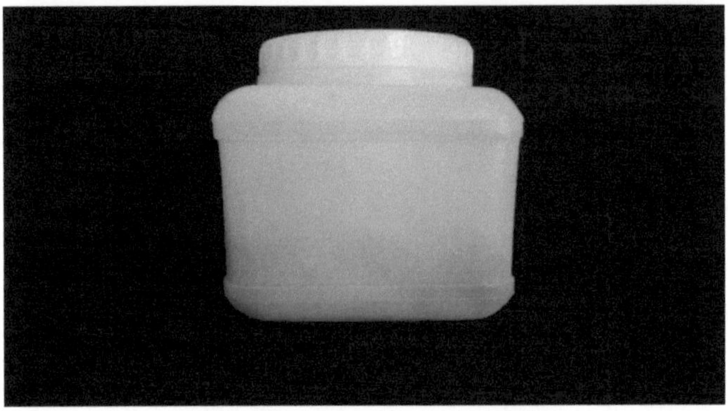

Doces embalados em frasco de plástico

Fig-13 Bagaço ao 0 mês de armazenamento

Rebuçados embalados em pacote LDP

Doces embalados em frasco de vidro

Doces embalados em frasco de plástico

Fig-14 Bagaço aos 9 meses de armazenamento

4.3.2 Sólidos solúveis totais e Acidez

Os dados registados sobre as alterações nos sólidos solúveis totais e na acidez do rebuçado de baga durante o armazenamento são apresentados no Quadro 2. A percentagem de sólidos solúveis totais e a percentagem de acidez do rebuçado de baga aumentaram durante o armazenamento em cada embalagem.

Os sólidos solúveis totais em percentagem aumentaram gradualmente de forma significativa até aos 7 meses de armazenamento, tendo depois aumentado gradualmente até ao fim do período de armazenamento. A retenção de sólidos solúveis totais foi maior no frasco de plástico seguido do frasco de vidro e da embalagem LDP. A percentagem de acidez aumentou de forma não significativa no pacote LDP, ao passo que aumentou de forma significativa no frasco de plástico e no frasco de vidro durante o armazenamento do doce de bagas. A percentagem de sólidos solúveis totais e a acidez mantiveram-se melhor na embalagem de pacote LDP em comparação com os doces embalados em frasco de plástico e frasco de vidro.

4.3.3 Ácido ascórbico e fenóis totais

Os dados relativos às mudanças no ácido ascórbico e fenóis totais durante o armazenamento são dados na Tabela-3. Tanto o teor de vitamina "C" como o de fenóis totais das balas de baga diminuíram continuamente durante todo o período de armazenamento em cada embalagem.

O doce embalado em embalagem LDP mostrou uma diferença não significativa na vitamina C até nove meses de armazenamento, enquanto que o doce embalado em frasco de vidro e frasco de plástico mostrou uma diferença significativa até dois meses e um mês de armazenamento, respetivamente. Os fenóis totais foram considerados significativos no doce embalado em embalagem LDP, enquanto que o doce embalado em frasco de vidro e frasco de plástico apresentou uma diferença não significativa durante oito e dois meses de armazenamento, respetivamente.

Quadro-2 Alterações nos sólidos solúveis totais e na acidez durante o armazenamento de rebuçados de bagas

Período de armazenamento (em meses)	Sólidos solúveis totais (%)			Acidez (%)		
	Pacote LDP	Frasco de vidro	Frasco de plástico	Pacote LDP	Frasco de vidro	Frasco de plástico
0	70.00	70.00	70.00	0.12	0.12	0.12
1	70.03	70.07	70.10	0.12	0.15	0.14
2	70.17	70.13	70.27	0.15	0.15	0.17
3	70.53	70.80	70.80	0.16	0.19	0.19
4	71.17	71.63	71.73	0.17	0.21	0.21
5	71.97	72.83	72.57	0.19	0.25	0.23
6	72.70	73.48	73.42	0.21	0.25	0.24
7	73.40	73.97	74.10	0.24	0.27	0.26
8	74.10	74.70	74.93	0.26	0.28	0.26
9	74.80	75.53	75.70	0.27	0.29	0.28
CD a 5%	3.45	3.50	3.46	NS	0.06	0.07

Tabela-3 Alterações do ácido ascórbico e dos fenóis totais durante a armazenagem em rebuçados de bagas

Período de armazenamento (em meses)	Ácido ascórbico (mg/100g)			Fenóis totais (mg/ 100g)		
	Pacote LDP	Frasco de vidro	Frasco de plástico	Pacote LDP	Frasco de vidro	Frasco de plástico

0	16.00	16.00	16.00	26.40	26.40	26.40
1	15.67	15.53	15.58	26.32	26.08	26.08
2	15.20	15.30	15.34	25.40	25.60	25.63
3	14.83	14.74	15.02	25.43	25.27	25.17
4	14.43	14.43	14.68	25.03	24.83	24.57
5	13.87	13.87	14.27	24.88	24.43	24.03
6	13.54	12.90	14.09	24.50	23.97	23.47
7	12.97	12.44	13.57	24.10	23.37	23.07
8	12.57	12.03	13.12	23.40	22.90	22.70
9	12.33	11.53	12.67	23.23	22.67	22.43
CD a 5%	NS	0.458	0.302	0.252	0.254	0.381

4.3.4 Açúcares redutores, açúcares não redutores e açúcares totais (em percentagem)

É evidente no Quadro 4 que os teores de açúcares redutores, de açúcares não redutores e de açúcares totais do rebuçado de bagas aumentaram continuamente durante todo o período de armazenamento em todos os recipientes de acondicionamento.

A retenção de açúcares redutores no pacote LDP mostrou uma diferença significativa durante 7 meses de armazenamento, enquanto que o frasco de vidro e o frasco de plástico mostraram uma diferença significativa durante 6 meses de armazenamento em ambos os recipientes. O doce embalado em pacote LDP mostrou uma diferença significativa até 7 meses de armazenamento, enquanto que o frasco de vidro e o frasco de plástico mostraram uma diferença significativa até 6 meses de armazenamento em ambos os recipientes e os açúcares totais em pacote LDP mostraram uma diferença significativa até 7 meses de armazenamento, enquanto que o frasco de vidro e o frasco de plástico mostraram uma diferença significativa aumentada durante os 6 meses de armazenamento em ambos os recipientes. Os açúcares redutores, os açúcares não redutores e os açúcares totais (por cento) foram melhores no recipiente embalado em pacote LDP do que nos doces embalados em frasco de plástico e frasco de vidro.

Quadro 4 - Alterações nos açúcares redutores, açúcares não redutores e açúcares totais (em percentagem) durante o armazenamento em rebuçados de bagas

Período de armazenamento (em meses)	Açúcares redutores (%)			Açúcar não redutor (%)			Açúcares totais (%)		
	LDP pacote	Vidro frasco	Plástico frasco	LDP pacote	Vidro frasco	Plástico frasco	LDP pacote	Vidro frasco	Plástico frasco
0	28.10	28.10	28.10	40.00	40.00	40.00	68.10	68.10	68.10

1	28.33	28.32	28.39	40.41	40.20	40.30	68.69	68.53	68.69
2	28.68	28.82	28.71	40.71	40.62	40.84	69.54	69.30	69.56
3	28.95	29.15	29.10	40.93	40.80	41.16	69.93	69.93	70.33
4	29.19	29.36	29.38	41.25	41.42	41.70	70.42	70.60	71.08
5	29.48	29.73	29.69	41.73	41.80	41.42	71.25	71.48	71.65
6	29.81	29.19	30.16	42.11	42.53	42.45	71.95	72.55	72.52
7	30.14	30.45	30.41	42.37	42.74	42.67	72.51	72.85	73.07
8	30.46	30.81	30.80	42.69	42.98	42.94	73.05	73.37	73.74
9	30.76	30.93	30.81	42.99	43.23	43.10	73.63	73.86	74.40
CD a 5%	2.18	2.25	2.20	3.41	3.56	3.47	4.52	4.58	4.55

4.3.5 Browning e qualidade organoléptica do rebuçado de baga

Os dados relativos ao escurecimento e à qualidade organoléptica dos rebuçados de bagas durante o armazenamento são apresentados no Quadro 5. O escurecimento aumentou gradualmente com o aumento do período de armazenamento, enquanto a qualidade organoléptica diminuiu em cada embalagem.

Os doces embalados em embalagem LDP, frasco de vidro e frasco de plástico apresentaram diferença significativa no escurecimento até sete meses, cinco meses e oito meses de período de armazenamento. O escurecimento dos doces embalados em frasco de plástico foi maior do que nos outros recipientes, enquanto que o escurecimento mínimo foi encontrado no frasco de vidro.

Tabela-5 Alterações no acastanhamento e na qualidade organoléptica durante o armazenamento do rebuçado de bagas

Período de armazenamento (em meses)	Browning (OD)			Qualidade organoléptica		
	Pacote LDP	Frasco de vidro	Frasco de plástico	Pacote LDP	Frasco de vidro	Frasco de plástico
0	0.30	0.30	0.30	9.00	9.00	9.00
1	0.35	0.35	0.36	9.00	8.80	9.00
2	0.41	0.41	0.41	9.00	8.55	8.75
3	0.46	0.47	0.48	8.75	8.30	8.50
4	0.51	0.52	0.54	8.60	8.00	8.25
5	0.55	0.58	0.59	8.50	7.75	8.00
6	0.60	0.64	0.63	8.25	7.60	7.75

7	0.64	0.70	0.68	8.00	7.45	7.60
8	0.68	0.76	0.70	7.85	7.25	7.45
9	0.70	0.78	0.74	7.70	7.00	7.30
CD a 5%	0.033	0.029	0.034			

* 9,00 Gosto extremamente, ** 8,00 Gosto muito e *** 7,00 Gosto moderadamente

4.3.6 Perdas fisiológicas de peso do rebuçado de berbigão

Os dados registados sobre as alterações nas perdas fisiológicas de peso do rebuçado de baga durante o armazenamento são apresentados no Quadro 6. A percentagem de perdas fisiológicas de peso do rebuçado de baga diminuiu durante o armazenamento em cada embalagem.

As perdas fisiológicas de peso do rebuçado de baga embalado em embalagem LDP não apresentaram diferenças significativas durante todo o período de armazenamento, enquanto que o frasco de vidro e o frasco de plástico apresentaram diferenças significativas a partir de dois meses e um mês, respetivamente. As perdas fisiológicas de peso mais baixas do rebuçado de baga foram encontradas na embalagem LDP do que nos rebuçados embalados em frasco de vidro e frasco de plástico.

Tabela-6 Alterações das perdas fisiológicas no peso do rebuçado de baga

Período de armazenamento (em meses)	Perdas fisiológicas em peso (g)		
	Pacote LDP	Frasco de vidro	Frasco de plástico
0	500.00	500.00	500.00
1	499.00	493.33	498.83
2	497.83	490.33	495.13
3	496.17	488.00	494.50
4	495.50	486.83	492.83
5	495.00	485.50	492.17
6	494.67	483.67	490.67
7	493.33	482.50	490.00
8	492.50	481.83	487.67
9	491.00	480.83	486.67
CD a 5%	NS	1.566	1.494

4.4 Relação custo/benefício do rebuçado de berlim

A viabilidade económica é muito importante para a comercialização de qualquer produto entre consumidores e empresários. A investigação inferiu que o doce preparado pela cultivar de baga

Banarsi Karaka pode ser bem armazenado em embalagens LDP até nove meses sem qualquer alteração do sabor. A relação custo/benefício do doce de baga é apresentada no Quadro 7.

Quadro-7 Rácio custo/benefício do rebuçado de berbigão

S. Não.	Dados	Taxa (Rs.)	Custo (Rs.)
1	Frutos de baga	(100 kg) Rs 15/kg	1500.00
2	Açúcar	(125 kg) Rs 31/kg	3875.00
3	Cal	(2,00 kg) Rs 15/kg	30.00
4	Ácido cítrico	(200 g) Rs 80/kg	16.00
5	Encargos laborais	120 Rs/dia/trabalho	840.00
6	Carga de GPL (gás de petróleo liquefeito)	345 Rs/cilindro	230.00
7	Recipientes de embalagem	58 sacos @ Rs 170/kg (400 sacos) Pacote LDP	24.65
	(capacidade de 1 kg)	58 sacos @ Rs 10/kg/frasco de vidro	580.00
		58 sacos @ Rs 8/kg/frasco de plástico	464.00
8	Custo total de produção	Pacote LDP	6515.65
	(1+2+3+4+5+6+7)	Frasco de vidro	7071.00
		Frasco de plástico	6955.00
9	Rendimento bruto de 58 kg de rebuçados	Pacote LDP a Rs 140/kg	8120.00
		Frasco de vidro @ Rs 145/kg	8410.00
		Frasco de plástico @ Rs 145/kg	8410.00
10	Rendimento líquido	Pacote de polietileno LDP	1604.35
		Frasco de vidro	1339.00
		Frasco de plástico	1455.00
11	Rácio custo/benefício	Pacote de polietileno LDP	1: 1.25
		Frasco de vidro	1: 1.19
		Frasco de plástico	1: 1.21

O rácio custo/benefício máximo do rebuçado de bagas foi encontrado 1: 1,25 embalado em embalagem LDP, seguido de 1: 1,21 em frasco de plástico e o rácio custo/benefício mínimo foi encontrado em frasco de vidro.

DISCUSSÃO

A presente investigação sobre "**Avaliação de cultivares de bagas para a preparação de produto osmodehidratado**" conduziu a algumas observações importantes. As caraterísticas salientes destes resultados são discutidas abaixo à luz da literatura disponível.

Os presentes estudos indicaram que havia mais variabilidade em certas caraterísticas físicas dos frutos de baga. O peso médio dos frutos foi registado nas cultivares Illaichi (4,80 g), Ponda (27,90 g), Umran (30,50 g), Gola (16,80 g), Banarsi Karaka (16,20 g) e Narendra Ber Sel-2 (14,00 g). Vários cientistas também relataram peso médio de frutos de ber 26,33 g (Bal *et al.,* 1978), 28,10 g (Pandey, 1988), 22,76-26,61 g (Gupta *et al,* 2004), 26,11 g (Yadav *et al,* 2005), 27,30 g (Dalal *et al.,* 2007), 2,44-21,32 g (Ram *et al.,* 2008) e 56,66 g (Meena *et al.,* 2009). Isso mostra a maior variabilidade do peso médio nas cultivares.

O comprimento e a largura médios dos frutos (diâmetro) variaram entre as diferentes cultivares, ou seja, Illaichi, Ponda, Umran, Gola, Banarsi Karaka e Narendra Ber Sel-2, que registaram 2,20, 5,20, 5,00, 3,50, 4,51 e 5,00 cm e 1,94, 3,24, 3,50, 2,71, 2,60 e 3,10 cm, respetivamente. Vários cientistas também relataram uma maior variabilidade no comprimento médio do fruto e na largura da baga, que variou de 4,72 cm e 3,49 cm (Bal *et al.,* 1978), 3,30-5,50 cm e 2,20-3,60 cm (Dalal *et al.,* 2007) e 1,55-5,11 cm e 1,51-2,95 cm (Ram *et al.,* 2008), respetivamente.

A forma dos frutos Illaichi, Gola e Narendra Ber Sel-2 eram ovadas e Ponda, Umran e Banarsi Karaka eram ovais. Bal *et al.* (1978) e Gupta *et al.* (2004) também observaram que a forma dos frutos da bérberis variava entre oval, oval a redondo, redondo a achatado e redondo, respetivamente.

A percentagem de semente e polpa foi observada 6.90, 4.80, 5.90, 8.33, 7.10 e 4.40 e 93.10, 95.20, 94.10, 91.67, 92.90 e 95.60 com as cultivares Illaichi, Ponda, Umran, Gola, Banarsi Karaka e Narendra Ber Sel-2 respetivamente. Dalal *et al.* (2007) e Ram *et al.* (2008) relataram que a relação entre sementes e polpa variou de 32,58 e 5,03-36,82, respetivamente.

A diferença nos caracteres físicos, especialmente no peso e tamanho médios dos frutos, pode provavelmente dever-se a diferenças no germoplasma, condições climáticas, gestão do pomar, idade da árvore e localizações.

Foram observadas as caraterísticas químicas de diferentes cultivares de bagas, ou seja, sólidos solúveis totais (S.S.T.), acidez, ácido ascórbico, açúcares redutores, açúcares não redutores e açúcares totais. No entanto, houve variação no teor de sólidos solúveis totais (12,50-16,40 por cento), acidez (0,18-0,34 por cento), ácido ascórbico (75,00-130,40 mg/100g), açúcares redutores (3,50-4,50 por cento), açúcares não redutores (6,30-8,40 por cento) e açúcares totais (1,30-12,80 por cento), respetivamente. Em geral, os frutos apresentaram um teor mais baixo de acidez e de açúcares redutores e um teor mais elevado de ácido ascórbico e de sólidos solúveis totais. Vários trabalhadores (Reddy *et al.*, 1995, Chowdary e Padashetty, 2000; Yadav *et al.*, 2005; Sharma e Bawa, 2007; Dalal *et al.*, 2007; Gupta *et al.*, 2007 e Yadlod e Rodge, 2010) também encontraram resultados semelhantes no que respeita aos constituintes químicos do fruto da baga.

Os constituintes químicos como o ácido ascórbico, os fenóis totais, as perdas fisiológicas de peso e a qualidade organoléptica diminuíram gradualmente durante o armazenamento, enquanto os açúcares redutores, os açúcares não redutores, os açúcares totais e o acastanhamento aumentaram durante o armazenamento em cada recipiente de embalagem (pacote LDP, frasco de vidro e frasco de plástico) durante o armazenamento com o aumento da duração.

Os sólidos solúveis totais dos rebuçados aumentaram ligeiramente durante o armazenamento à temperatura ambiente em cada um dos recipientes de acondicionamento. Um aumento nos sólidos solúveis totais do doce pode ser possível devido à hidrólise de polissacarídeos e oligossacarídeos em monossacarídeos (açúcares redutores) e à evaporação da humidade do doce. Observações semelhantes foram registadas por Pathak (1988) no doce de aonla, Kumar (1990) no doce de papaia, Kumar *et al.* (1992) no doce de ber e Mishra (2005) no doce de bael.

No presente estudo, observou-se um ligeiro aumento da acidez do rebuçado de baga durante o armazenamento à temperatura ambiente. Período de armazenamento em cada recipiente (embalagem LDP, frasco de vidro e frasco de plástico). Foi referido que as substâncias pécticas aumentam a acidez dos produtos de fruta. Um aumento da acidez também foi observado por Pathak (1988) no doce de aonla, Kumar (1990) no doce de papaia, Kumar *et al.* (1992) no doce de ber e Mishra (2005) no doce de aonla.

A alteração do ácido ascórbico durante o armazenamento de rebuçados de bagas revelou que o teor de ácido ascórbico do produto diminuiu continuamente com o progresso do período de armazenamento em cada embalagem. A redução do teor de ácido ascórbico pode dever-se à oxidação com oxigénio retido nos recipientes, o que resulta na formação de ácido desidro ascórbico (Kumar, 1990). Perdas do teor de ácido ascórbico também foram observadas em doces de aonla (Pathak, 1988; Tripathi *et al.*, 1988; Singh *et al.*, 1993), doces de papaia (Kumar, 1990), doces de baga (Kumar *et al.*, 1992). Os estudos indicaram ainda que a retenção de ácido ascórbico era maior quando armazenado em embalagens LDP, seguido de um frasco de plástico e depois de um frasco de vidro. Sethi e Anand (1982) referiram que a retenção de ácido ascórbico da conserva de bael de humidade intermédia era maior durante a armazenagem quando embalada em frasco de vidro. Estas diferenças podem ser devidas à resistência à humidade dos recipientes e à transparência contra a luz do recipiente. Porque os doces tornam-se duros e rijos após 8 meses de armazenamento em frasco de vidro devido à diminuição da humidade do produto e às fugas de ar do recipiente.

Verificou-se um aumento dos açúcares redutores dos rebuçados de bagas durante o armazenamento com o aumento do período de armazenamento em cada recipiente de embalagem (embalagem LDP, frasco de vidro e frasco de plástico). Isto pode dever-se à inversão dos açúcares não redutores em açúcares redutores e à hidrólise dos polissacáridos em monossacáridos. A inversão dos açúcares não redutores mostra-se rápida no frasco de plástico, seguida do frasco de vidro e da embalagem de LDP, que mostra a retenção do processo de inversão. Mishra (2005) também encontrou um aumento dos açúcares redutores durante a armazenagem.

Verificou-se um aumento gradual dos açúcares totais do rebuçado de baga durante o armazenamento em cada embalagem com o aumento do período de armazenamento. O rebuçado de baga embalado em embalagem LDP, em frasco de vidro e em frasco de plástico apresenta um aumento gradual dos açúcares totais, mas o aumento máximo foi observado no frasco de plástico, seguido do frasco de vidro, enquanto a embalagem LDP apresenta o menor aumento desde o momento da armazenagem até aos 9 meses. Observações semelhantes foram registadas por Mishra *et al.* (2005) em doces de bael.

O teor de fenóis totais nos rebuçados de bagas também diminuiu gradualmente em cada embalagem durante o armazenamento. Os rebuçados embalados na embalagem LDP apresentaram uma retenção máxima, enquanto que no frasco de plástico a retenção foi menor até ao final do armazenamento. Uma vez que os compostos fenólicos desempenham um papel importante na determinação da cor e do sabor de um produto, a sua perda pode dever-se ao facto de estes compostos serem altamente voláteis e facilmente oxidáveis. Que se condensam em pigmentos castanhos?

No presente estudo, o escurecimento não enzimático do rebuçado de bagas apresentou uma tendência crescente ao longo de todo o período de armazenamento. Esse aumento deve-se principalmente à reação não enzimática entre compostos introgénicos e açúcares, compostos azotados e ácidos orgânicos, açúcares e ácidos orgânicos e entre os próprios ácidos orgânicos. O grupo carbenole de um açúcar cíclico combina-se com proteínas básicas, açúcares redutores e complexos de aminoácidos, provocando o acastanhamento.

Stadman (1948) referiu que a diminuição do teor de ácido ascórbico dos produtos à base de fruta pode ser uma das possíveis razões para o escurecimento dos produtos. Nas presentes constatações, o teor de ácido ascórbico também apresentou uma tendência de redução durante o armazenamento (em cada recipiente), o que corresponde a um aumento do escurecimento. Um aumento no escurecimento também foi relatado em doces de aonla (Singh *et al.,* 1993), doces de bael (Kumar *et al.,* 1992) e doces de papaia (Kumar, 1990). Os estudos também indicaram que o acondicionamento de rebuçados em embalagens LDP tinha menos acastanhamento do que os rebuçados acondicionados em frascos de vidro e em frascos de plástico. Isto pode ser provavelmente devido ao maior movimento de oxigénio, vapor de água e oxidação do ácido ascórbico, ácido orgânico e polifenóis durante o armazenamento.

A pontuação organoléptica do rebuçado diminuiu durante o armazenamento. A aceitabilidade do produto manteve-se até 9 meses na embalagem LDP, o que foi possível devido à retenção da textura, da cor, do odor e do sabor, ao passo que, 5 meses e 4 meses no frasco de plástico e no frasco de vidro, respetivamente, à temperatura ambiente. A deterioração da aceitação do doce embalado em frasco de plástico e em frasco de vidro não se deveu a um sabor ou aroma estranhos, mas sim à textura dura do doce, devido à rápida perda de humidade por fugas de ar muito pequenas em ambos os recipientes de embalagem, o que fez com que o doce se tornasse duro na textura. Do mesmo modo, Kumar (1990) observou uma redução dos resultados organolépticos dos produtos à base de fruta no doce de bael e Kumar *et al.* (1992) no doce de ber. Sethi e Anand (1982) também relataram que a conserva de aonla de humidade intermédia embalada em polietileno dava melhor sabor do que embalada em frasco de vidro. A relação custo/benefício do rebuçado de baga foi de 1,25, 1,21 e 1,19 na embalagem LDP, no frasco de plástico e no frasco de vidro, respetivamente. A variação no rácio custo/benefício deve-se apenas à variação no custo dos recipientes de embalagem.

RESUMO E CONCLUSÃO

A presente investigação intitulada **"Evaluation of ber cultivars for preparation of osmodehydrated product" (Avaliação de cultivares de bagas para a preparação de produto osmodesidratado)** foi efectuada no departamento de tecnologia pós-colheita, faculdade de horticultura e silvicultura, Universidade de Agricultura e Tecnologia Narendra Deva, Kumarganj, Faizabad U.P., durante o ano 2011-12.

A investigação inclui quatro conjuntos de experiências. Na primeira experiência, estudou-se a composição físico-química dos frutos de baga de diferentes cultivares; na segunda experiência, selecionaram-se diferentes cultivares de baga para a preparação de doces; na terceira experiência, avaliaram-se os diferentes recipientes de acondicionamento para o armazenamento dos doces de baga; na quarta experiência, estudou-se a relação custo/benefício dos doces de baga.

Os resultados obtidos são resumidos a seguir:

1. O peso médio dos frutos das cultivares de bagas Umran foi significativamente máximo (30,50 g) em relação a todas as cultivares, seguido de Ponda (27,90 g) e o peso mínimo dos frutos foi registado na cultivar Illaichi (4,80 g). O conteúdo de sementes (por cento) variou entre 1,40 e 8,33, o mais alto foi registado em Gola, seguido por Narendra Ber Sel.-2. Narendra Ber Sel.-2 mostrou um conteúdo ligeiramente mais alto de polpa (por cento) seguido por Ponda e polpa de fruta mínima registada na cultivar Gola.

2. O comprimento máximo do fruto (cm) foi registado na cultivar Ponda, seguida da Umran e da Narendra Ber Sel-2, e o comprimento mínimo do fruto foi registado na cultivar Illaichi. A largura máxima do fruto (cm) foi registada na cultivar Umran, seguida da Ponda, e a largura mínima do fruto foi registada na cultivar Illaichi. A forma do fruto da baga de Illaichi, Gola e Narendra Ber Sel-2 era ovada, enquanto Ponda, Umran e Banarsi Karaka eram ovais.

3. Os frutos da baga da cultivar Gola registaram um máximo de sólidos solúveis totais e um mínimo na cultivar Banarsi Karaka. A acidez máxima foi registada na cultivar Gola e a mínima na cultivar Narendra Ber Sel-2. O teor máximo de ácido ascórbico foi registado na cultivar Illaichi, seguido de Umran e o mínimo na cultivar Narendra Ber Sel-2.

4. Os açúcares redutores mais elevados foram observados em Narendra Ber Sel-2 seguido de Gola, os açúcares não redutores e totais foram observados em Gola seguido de Narendra Ber Sel-2 e o mínimo foi registado em Banarsi Karaka.

5. O Banarsi Karaka foi considerado ideal para o fabrico de doces.

6. Os sólidos solúveis totais e a acidez aumentaram durante o armazenamento em cada embalagem.

O rebuçado de pacote LDP apresentou variações percentuais mínimas de sólidos solúveis totais e de acidez durante nove meses de armazenamento.

7. Durante o armazenamento, o teor de ácido ascórbico e de fenóis totais no rebuçado diminuiu gradualmente em cada embalagem. A retenção máxima de ácido ascórbico e fenóis totais foi observada nos rebuçados embalados em frasco de plástico durante o armazenamento.

8. Os açúcares redutores, os açúcares não redutores e os açúcares totais dos rebuçados aumentaram gradualmente em cada embalagem. O doce em embalagem LDP apresentou uma diferença significativa e alterações mínimas durante o armazenamento, seguido do frasco de plástico e depois do frasco de vidro. Os açúcares não redutores e os açúcares totais do rebuçado apresentaram diferenças significativas no pacote LDP, em comparação com o frasco de plástico e o frasco de vidro.

9. O acastanhamento do doce aumentou gradualmente em cada embalagem. Por outro lado, a qualidade organoléptica diminuiu em cada embalagem. Observou-se um escurecimento mínimo no frasco de vidro e uma qualidade organoléptica máxima do doce na embalagem LDP durante o armazenamento.

10. As perdas fisiológicas de peso diminuíram durante o armazenamento em cada embalagem. As perdas fisiológicas máximas de peso dos doces foram observadas no frasco de vidro durante o armazenamento.

11. A relação custo/benefício do rebuçado de bagas foi de 1:1,25 no pacote LDP, seguida do frasco de plástico e do frasco de vidro.

12. Com base nas alterações químicas durante o armazenamento e na relação custo/benefício, o pacote LDP foi considerado o melhor, seguido do frasco de plástico e do frasco de vidro, para uma retenção mais longa do rebuçado.

A.I.C.R.P. (2004). Projeto de investigação coordenado por toda a Índia sobre frutos de zonas áridas. XIII reunião dos trabalhadores do grupo, *Instituto Central de Horticultura Árida, Bikaner (Rajasthan),* p. 39.

A.I.C.R.P. (2006). Projeto de investigação coordenado por toda a Índia sobre frutos de zonas áridas. XIII reunião dos trabalhadores do grupo, *Instituto Central de Horticultura Árida, Bikaner (Rajastão),* p. **14** e 28.

Bal, J.S. e Chauhan, R. (1981). Fixação de um padrão de maturidade para a baga cv. Umran. *Pb., Hort. J.,* XXI (1-2): 70-73.

Bal, J.S. e Mann, S.S. (1978). Teor de ácido ascórbico da baga durante o crescimento e a maturidade. *Ciência e Cultura,* **44** (5): 238-239.

Bal, J.S. e Singh, P. (1978). Fisiologia do desenvolvimento da baga *(Zizyphus mauritiana* Lamk) var. Umran. 1. Alterações físicas. *India Food Packer, J.,* **32** (3): 59-67-1.

Bal, J.S. e Singh, P. (1978). Fisiologia do desenvolvimento da baga *(Zizyphus mauritiana* Lamk) var. Umran. III. Alterações químicas menores com referência a fenólicos totais, ácido ascórbico (vitamina C) e minerais. *Indian Food Packer,* **32** (32): 66-69.

Bal, J.S. e Singh, P. (1978). Fisiologia do desenvolvimento da baga *(Zizyphus mauritiana* Lamk) var. Umran. II. Principais alterações químicas com referência a sólidos solúveis totais, acidez e açúcares. *Indian Food Packer,* **32** (3): 62-65.

Bal, J.S.; Singh, S. e Gupta, M.R. (1988). Variação na concentração de constituintes bioquímicos em diferentes partes do fruto da baga. *Punjab Hort. J.,* **28** (1-2): 77-80.

Bartov, K.B.; Shipkara, L.V.; Baborut, T. e Massover, B.L. (1975). O teor de vitamina C e P e açúcares totais em *(Zizyphus jujubej* de Tadzik cultivado. *SSR-* 158-160.

Bhagwan Deen (1992). Estudos sobre a seleção de genótipos de aonla *(Emblica officinalis* Gaertn.*)* para processamento. *M.Sc.(Ag). NDUA&T, Faizabad.*

Bisla, S.S. e Daulta, B.S. (1986). Estudos sobre variabilidade, hereditariedade e avanços genéticos para trilhos de qualidade em bagas. *Harayna J. Hort. Sci.,* **15** (3-4): 175-178.

Bose, T.K. Mitra, S.K. e Sangal, D. (2002). In fruits tropical and sub-tropical Vol. 2. *Naya Udhyog publishers, Kolkata.*

Chauhan, K.S. e Daulta, B.S. (1982). Ber -um fruto com grande valor alimentar. *Indian Hort. J.,* **27** (3): 7-9.

Chovatia, R.S. Patel, D.S. Patel, A.T. e Patel, G.V. (1992). Crescimento, rendimento e caraterísticas físico-químicas de certas variedades de baga (*Zizyphus mauritiana* Lamk) em condições de sequeiro. *Gujarat Agril. Univ. Research Journal,* **17** (2): 56-60.

Chowdary, N.B. e Padashetty, N.S. (2000). Bio-chemical composition of ber cultivars grown in Northern part of Karnataka, *Curr. Res. Univ. of Agric. Sci. Baglore,* **29** (7-9): 106.

Dalal, N.A.T., Brar R.P.S., e Arora J.S., (2007). Avaliação da bérberis *(Zizyphus mauritiana* Lamk.) nas condições áridas do Punjab. *Haryana Journal of Horticultural Sciences,* **36** (1/2): 57.

Damame, S.V.; Gaikwad, R.S.; Patil, S.R. e Masalkar, S.D. (2002). Teor de vitamina C de vários produtos de aonla durante o armazenamento. *Orissa Journal of Horticulture,* **30** (2): 105-107.

Damame, S.V.; Gaikwad, R.S.; Patil, S.R. e Masalkar, S.D. (2002). Teor de vitamina C de vários produtos de aonla durante o armazenamento. *Orissa Journal of Horticulture,* **30** (1): 19-22.

Gary, N.; Kalra, S.K. e Tondon, D.K. (1993). Avaliação da qualidade do pó de manga crua e do couro de manga. *Beverage and Food world,* **20** (2):13-14.

Ghose, D.K. e Mitra, S. (2004). Estudos sobre o comportamento de armazenamento de frutos de bael *(Aegle marelos* Correa*)* cultivados em Bengala Ocidental. *Journal of Interacademicia,* **8** (3): 344-348.

Gupta, A.K.; Panwar, H.S. e Vashishtha, B.B. (1983). Estudos sobre alterações físico-químicas durante o desenvolvimento e maturação de frutos de baga cv. Gola. *Pb. Hort. J.,* XXIII (3&4): 186-190.

Gupta, M.R. (1977). Caraterísticas físico-químicas de algumas cultivares promissoras de bagas em Bahadurgarh (Patiala). *Punjab Horticultural Journal,* **17** (3/4): 131-134.

Gupta, R. B. Suneel Sharma Sharma, J. R. Ramesh Goyal. (2004). Estudos sobre os caracteres físico-químicos de algumas formas selvagens e cultivadas/spp. (*Zizyphus mauritiana*). *Haryana J. of HorticulturalSci.,* **33**(3/4):167-169.

Keier, A.P. e Singh J.P. (1976). Composição química de cultivares de bagas. *Haryana J. Hort. Sci.,* **5** (1-2): 21-24.

Khurdiya, D.S. e Singh, R.N. (1975). Ber e seus produtos. *Ind. Hort. J.,* **20** (1): 5-25.

Kumar, A., Mahesh Kumar, e Rupinder Chandel, (2009). Physical properties of selscted fruits. *Envionment and Ecology,* 27 (1): 131-133.

Kumar, A.; Kumar, M.; e Chandel, R. (2009). Propriedades físicas de frutos selecionados. *Enviromrnt and Ecology*, **27** (1): 131-133.

Kumar, S. (1990). Estudos sobre a tecnologia pós-colheita de frutos de papaia *(Caricapapaya l.)*. Tese de doutoramento, NDUA&T, Faizabad.

Kumar, S. e Singh, I. S. (2001). Estudos de armazenamento de produtos de frutos de aonla à temperatura ambiente. *Progressive Horticulture.,* **33** (2): 169-173.

Kumar, S.; Ojha, M.; Deen, B.; Awasthi, O.P. e Nainwal, N.C. (1992). Potencialidade de cultivares de baga *(Zizyphus mauritiana* Lamk) para o fabrico de doces. *Prog. Hort.,* **24** (1/2):74-78.

Meena, H.R., Kingsly, A.R.P., e Jaln, R.K. (2009). Propriedades físicas e mecânicas de diferentes cultivares de bagas. *Indian Journal of Horticulture,* **66** (2): 261-263.

Mishra, D.K. (2005). Estudos sobre o doce de bael *(Aegle marmelos Correa.). MSc. (Ag).* Tese, NDUA&T, Faizabad.

Pandy, R.C. (1988). Estudos sobre as alterações nos nutrientes e constituintes bioquímicos durante o crescimento e desenvolvimento do fruto da baga *(Zizyphus mauritiana* Lamk) cv. Banarsi Karaka. Tese de Mestrado, NDUA&T, Faizabad, (UP).

Parrek, O.P. (1983). The ber, ICAR, Nova Deli. *Indian J. Hort.,* **63** (3): 260-263.

Pathak, S. (1988). Tecnologia pós-colheita de frutos de aonla *(Emblica officinalis* Gaertin.*)*. Tese de doutoramento, NDUA&T, Faizabad.

Prasad, M.; Nidhi e chandu (2006). Desenvolvimento de rebuçados de goiaba. *Jouranl of Food sci. and Tech.,* **43** (2): 40-112.

Rakesh Kumar Sharma, R.K., Sidhiqui, S. e Godara, R.K. (2007). Seleção de diferentes cultivares de baga (*Zizyphus mauritiana* Lamk) quanto ao seu prazo de validade. *Haryana Journal of Horticultural Sciences,* **36** (1/2): 41-43.

Ram, D. (1984). Estudos sobre a transformação e conservação da bebida de fruta aonla. Tese de *Mestrado (Ag.)*, NDUA&T, Faizabad.

Ram, D. (1984). Estudos sobre o amadurecimento, armazenamento e processamento de frutos de bael *(Aegle marmelos* Correa*)*. Tese de doutoramento, NDUA&T, Faizabad.

Ram, R. B., Ganesh Shukla Dwivedi, D. H. Abdul Kareem, (2008). Estudos físico químicos sobre germoplasma de bérberis (*Zizyphus mauritiana* Lamk.) em condições de solo sódico de Lucknow. *Indian Journal of Agroforestry,* **10** (1): 78-80.

Rangana, S. (1978). Manual de análise de produtos hortofrutícolas. *Tata Publish. Co. Ltd. New Delhi.*

Rangana, S. (1986). Handbook of Analysis and Quality Control for Fruit and Vegetable Products.

TataMc Graw-HillPublish. Co. Ltd., p. 1103.

Reddy, M.B.G., Patil, D.R., Channabasappa, K.S., Hulamani, N.C., e Patil, S.G. (1995). Performance of some cultivars of ber *(Zizyphus mauritiana* Lamk.) under arid zones of Karnataka. *South Indian Horticulture,* **43** (5/6): 146-148.

Rekha Lande (2003). Investigação sobre os atributos físico-químicos do doce de baga. *Bioved.,* **14** (1/2): 91-96.

Romão, R.B.M.; Yamashita, F.; Benasi, M.D.T. e Soares, J.H. (2006). Nota científica - Método para avaliação da cristalização em balas duras utilizando imagem digitalizada. *Revista Brasileira de Tecnologia de Alimentos,* **9** (1/4): 151-155.

Sadhu, K.S.; Singh, M. e Ahluwalia, P. (2001). Estudos sobre a transformação de goiaba em polpa e couro de goiaba. *J. FoodSci. Tech.,* **38** (6): 622-624.

Sethi, V. e Anand, J.C. (1982). Estudos sobre a preparação de conserva de aonla *(Phylanthus emblica L.)* de humidade intermédia e alterações durante o armazenamento. *Prog. Hort.,* **14** (2/3): 87-93.

Sharma, K.K. e Bawa, A.S. (1977). Estudos sobre as caraterísticas físico-químicas de algumas cultivares de baga *(Zizyphus mauritiana* Lamk.). *Indian Food Packer,* **31** (4): 22-24.

Singh, B.P., Singh, S.P. e Chauhan, K.S. (1981). Determinadas alterações químicas e taxa de respiração em diferentes cultivares de baga durante o amadurecimento. *Haryana Agricultural University Journal of Research,* **11** (1): 60-64.

Singh, I.S. (1988). Alterações durante o armazenamento de alimentos de humidade intermédia aonla. Trabalho apresentado no seminário nacional sobre tecnologia pós-colheita de culturas hortícolas. *Ajuda em Dapoli.*

Singh, I.S., Pathak, R.K., Dwivedi, R. e Singh, M.K. (1993). Produção de Aonla e tecnologia pós-colheita. *Tech. Bull, Departamento de Horticultura, NDUA&T, Faizabad.*

Singh, K.K.; Chaddha,K.L. e Gupta, M.R. (1973). Ber cultivation bulletin. *Punjab Agril. Univ. Ludhiana*, P. 23.

Sood, D.R.; Wagle, D.S,; Nainawatee, H.S. e Srivastava, H.C. (1980). Quality attributes of some ber *(Zizyphus mauritiana* Lamk) strains. *Indian Journal of Nutrition and Dietetics. J.,* **17** (12): 447-451.

Sushil Sharma Sharma, R.K. e Goyal, R.K. (2007). Alterações físicas durante o crescimento e desenvolvimento da baga (*Zizyphus mauritiana* Lamk). *Haryana Journal of Horticultural Sciences,* **36** (1/2): 3-5.

Teaoyia, S.S.; Dube, P.S.; Awasthi e Upadhyay, N.P. (1974). Estudos sobre as caraterísticas físico-químicas de variedades importantes de baga (*Zizyphus mauritiana* Lamk). *Prog. Hort.*, **5** (4): 81.

Tripathi, V.K.; Singh, M.B. e Singh, S. (1988). Estudos sobre alterações comparativas da composição em diferentes produtos conservados de aonla (*Emblica officinalis* Gaertn.) var. Baanarsi. *Indian Food Packers*, **42** (4): 60-66.

Yadav, A.K.; Singh S.P. e Singh, A. (2005). Seleção de cultivares de baga (*Zizyphus mauritiana* Lamk) com base em atributos externos, físicos e químicos para cultivo no leste de Utter Pradesh. *Ind. Hort. J.,* **18** (3): 144-148.

Yadav, S. (2003). Variabilidade genética para caracteres morfológicos e de qualidade entre germoplasma de ber (*Zizyphus mauritiana* Lamk). Dissertação de Mestrado. Tese, N. D. Univ. of Agric. E Faizabad. (U.P.).

DEPARTAMENTO DE HORTICULTURA

Universidade N.D. de Agricultura e Tecnologia, Kumarganj, Faizabad-224 229 (U.P.) Índia

TÍTULO: "Avaliação de cultivares de bagas para a preparação de produto osmo-desidratado"

Conselheiro e presidente de curso	**Nome do estudante**
Dr. Sanjay Pathak	**Balveer Singh**
Professor Associado e Diretor,	PHTM .Sc. (Ag.) Horticultura
Departamento de Horticultura	N.º de identificação: HF-5583/10

RESUMO

O presente estudo, intitulado "**Avaliação de cultivares de baga para a preparação de um produto osmodehidratado**", foi realizado no laboratório do Departamento de Tecnologia Pós-Colheita da Faculdade de Horticultura e Silvicultura da Universidade de Agricultura e Tecnologia Narendra Deva, Kumarganj, Faizabad (U.P.), durante o ano de 2010-11, com quatro conjuntos de experiências. A primeira experiência estuda a composição físico-química do fruto da baga de diferentes cultivares, a segunda experiência analisa diferentes cultivares de baga para a preparação de doces, a terceira experiência avalia os recipientes de embalagem para os doces de baga e a quarta experiência estuda a relação custo/benefício dos doces.

Foram estudadas as caraterísticas físico-químicas de diferentes cultivares, nomeadamente Illaichi, Ponda, Umran, Gola, Banarsi Karaka e Narendra Ber Sel-2, e a cultivar Banarasi Karaka foi considerada a melhor para a preparação de rebuçados de baga de todas as cultivares, tendo sido preparada e avaliada através de testes organolépticos.

No presente estudo da composição físico-química do fruto da baga e da qualidade organoléptica dos rebuçados, o Banarsi Karaka foi considerado o mais adequado de todas as cultivares para o fabrico de rebuçados. Os estudos de armazenamento indicaram que o pacote LDP era melhor em comparação com o frasco de vidro e o frasco de plástico para a embalagem de rebuçados de baga à temperatura ambiente e os rebuçados foram encontrados em boas condições após 9 meses de período de armazenamento em pacote LDP.

O rácio custo/benefício máximo do rebuçado de bagas foi de 1: 1,25 embalado em embalagem LDP, seguido do frasco de plástico e do frasco de vidro.

(Sanjay Pathak) **(Balveer Singh)**

MIX
Papier aus verantwortungsvollen Quellen
Paper from responsible sources
FSC® C105338

Printed by Books on Demand GmbH, Norderstedt / Germany